童眼看天下

全新升级版

周勇 主编

动物世界

机械工业出版社

CHINA MACHINE PRESS

目　录

第一章　哺乳动物

第二章　海洋动物

第一章 哺乳动物

　　世界上有数以千计的哺乳动物，它们大多数都是胎生动物，宝宝要喝母亲的奶水，并且需要母亲细心照料才能长大。哺乳动物都是恒温动物，体温不会随着外界温度的变化而变化。它们的身上或多或少会长毛发或皮毛，有些动物的皮毛可以帮助它们保持身体的温度。

群居的大象

  大象喜欢以家庭为单位群居生活，通常由经验丰富的雌象担任象群首领，而雄象主要负责保卫象群的安全。小象是象群中的重点保护对象，除了小象的母亲会对它细心呵护外，象群中的其他成员都会照顾小象的生活。

灵活的象鼻

象鼻非常灵活，既可以捡拾重达1吨的物体，也可以捡拾像花生那么小的食物。

5

称霸山林的老虎

老虎是亚洲陆地上最强大的食肉动物之一，它们喜欢在黄昏或清晨出来捕食猎物，白天的大部分时间则用来睡觉。老虎捕食猎物时行动果断，一旦看准目标便迅速出击，以消耗最小的能量来获取最大的收获。

巡视领地

老虎的领地观念很强，它们会定期巡视自己的领地，不允许任何人或动物入侵。

草原之王——狮子

狮子是猫科动物中唯一群居的动物。1个狮群中通常包括1头成年雄狮，连续几代的雌狮和狮宝宝们。狮群中的核心是雌狮，它们负责捕获猎物和繁育后代。雄狮更多的是负责巡视领地和保护狮群。

激烈的打斗

如果1头外来雄狮想成为1个狮群的首领，它必须向现任首领挑战，只有打败了现任首领，它才能成为狮群新的领导者。失败者除了失去成群的妻子外，它的孩子们也会被新的首领杀死。

短跑健将——猎豹

　　猎豹是陆地上奔跑速度最快的动物，它的最高时速可达120千米，相当于世界百米冠军的3倍速度。不过猎豹只是个短跑健将，不善于长期奔跑，否则会体温过热，甚至会死亡。

保持平衡的尾巴

　　猎豹在快速奔跑时，它的尾巴会保持身体平衡，即便是急速转弯，也不会摔倒。

8

能干的狼宝宝

狼妈妈怀孕61天左右，会生下3~9只狼宝宝。3~4个月的狼宝宝就能跟着爸爸妈妈一起猎食了。

集体活动的狼

狼是群居性动物，1个狼群的数量为6~12只。狼群中有严格的等级制度，所有成员的活动都要听从头狼的安排。进食时也是头狼先吃，然后是高等级的狼吃，最后才轮到低等级的狼吃。

警惕性很高的狐狸

狐狸居住在树洞或土穴中，它在傍晚出来觅食，天亮后回洞里休息。狐狸有一条长长的大尾巴，尾巴基部有个腺孔，在遭遇敌人时会释放一种刺鼻的臭气。

爱护宝宝的狐狸妈妈

狐狸妈妈每次能生6~8个宝宝，她会细心地保护和喂养自己的宝宝。如果窝里的宝宝被猎食者发现了，狐狸妈妈会连夜搬家，以防不测。

雪地精灵——北极狐

北极狐是北极冰原上的主人，它们世世代代居住在北极，除了人类外，几乎没有什么天敌。根据毛色不同，北极狐可分为两类，一类是变色北极狐，另一类是天蓝北极狐。变色北极狐在冬天时全身毛发都会变成白色，与冰天雪地融为一体。而天蓝北极狐的毛发则与海水的颜色相应。

爱吃旅鼠的北极狐

北极狐的主餐是旅鼠。北极狐闻到旅鼠的气味时，会迅速挖掘雪下面的旅鼠窝。当挖得差不多时，它会高高跳起，再重重落下，用脚将旅鼠窝压塌，然后将窝里的旅鼠一网打尽。

不能走路的树懒

树懒虽然有脚，但却不能用脚走路，它在地面上行动时，要靠前肢拖着身体前行。

懒洋洋的树懒

树懒是个名副其实的懒家伙，它用爪子倒挂在树枝上，可以几个小时都不移动，甚至连食物都懒得去吃。树懒很少下树，只在每周排便的时候才下树。

12

大熊猫长着圆圆的脑袋和胖嘟嘟的身体，看起来非常可爱。它走起路来四肢呈内八字，慢吞吞的，爬起树来却身手灵活。大熊猫的性格温顺，如果遇到攻击，通常会采用闪避的方式，只有在自己的孩子被欺负时，才会亮出锋利的爪子。

憨态可掬的大熊猫

不发达的视力

由于长期生活在茂密的竹林里，光线很暗，导致大熊猫的视觉很不发达，只能看到近处的东西。

长着环纹尾巴的小熊猫

小熊猫的个头比猫大一些，比狗小一些。它全身最有特点的地方是尾巴，毛茸茸的，上面长有棕色和白色相间的九节环纹，非常惹人喜爱，它也因此被称为"九节狼"。

小熊猫通常在夜间外出觅食，白天的大部分时间则在树洞中或爬到高高的树枝上休息。

爱睡觉的树袋熊

树袋熊，又称考拉，是澳大利亚的国宝。它们长相憨厚，性情温和，体态可爱。树袋熊很爱睡觉，每天约有18个小时处于睡眠状态。

没有尾巴的树袋熊

树袋熊没有尾巴，它的尾巴经过漫长的岁月，已经退化成了一个"坐垫"，使它能长时间舒服地坐在树上。

会捕鱼的棕熊

棕熊长着又圆又大的脑袋，但两只耳朵却相对很小，当它们换上厚厚的长毛冬装时，耳朵几乎看不见了。棕熊的爪子很长，虽然不会爬树，但很擅长捕鱼。棕熊拥有发达的视力和敏锐的嗅觉，能精准地发现水中的鱼类。

尽职的棕熊妈妈

棕熊宝宝们会跟妈妈一起生活，到两岁半至四岁时陆续离开妈妈。棕熊妈妈会把所有的生存本领都教给孩子们，以便它们能更好地独立生活。

嗅觉灵敏的北极熊

北极熊是北极最具代表性的动物之一。它全身披着厚厚的毛，善于游泳和潜水。在茫茫冰雪覆盖的北极，寻找食物十分不易，可对北极熊来说却并不是一件难事。北极熊的嗅觉非常灵敏，是犬类的7倍，能轻易嗅到食物的气味。

全速奔跑

北极熊走起路来很缓慢，但奔跑起来的速度却一点儿也不慢，全速奔跑的北极熊时速可达60千米，是世界百米冠军速度的1.5倍多。

高大的长颈鹿

长颈鹿是世界上现存最高的陆生动物。它们喜欢群居生活，一般十几头生活在一起。别看长颈鹿的个子高高的，它的胆子却很小，一旦发现天敌，会立刻逃跑。

天然的保护色

长颈鹿的皮肤上长满了花斑状的网纹，这是一种天然的保护色，使得长颈鹿在野外活动时，很容易迷惑敌人的视线。

性格温顺的梅花鹿

　　梅花鹿喜欢结成群体行动，群体中主要包括雌鹿和小鹿，雄鹿一般单独行动。梅花鹿性格温顺，也很胆小，因此它们觅食时，会选择在平坦的草地上，这样一旦发现敌情，可以迅速逃走。

生活在树上的红猩猩

红猩猩喜欢生活在树上，由于身体太重，它们在树枝间穿梭时会非常小心，通常采用的方式是在一棵树上来回摆荡，直到能抓住另一棵树。红猩猩的智商很高，它们"发明"了很多复杂的取食技术，甚至会使用工具。

幸福的红猩猩宝宝

红猩猩宝宝在1岁以前会受到妈妈无微不至的照顾。在3岁断奶之前，它们也会一直和妈妈生活在一起，直到4岁时，妈妈才会离开。

怕羞的大猩猩

大猩猩也叫类人猿，是灵长类中最大的动物。它们喜欢群体生活，通常1个群体由1头雄性大猩猩、几头雌性大猩猩和大猩猩宝宝组成。别看大猩猩长得很凶，但实际上它很怕羞，遇到人类时会主动躲开。

温和、善良的大猩猩

大猩猩是一种温和、善良、安静的动物，只有在受到攻击或围困时，它们才会捶胸咆哮，变成危险的进攻者。

坚硬的皮肤

雄性野猪喜欢在树桩、岩石和坚硬的河岸上摩擦身体，它们花大量的时间来做这个运动，是为了将皮肤磨成坚硬的保护层，以避免在与其他雄性争夺配偶的战争中被撞伤。

长着獠牙的野猪

野猪长得很像家猪，但比家猪凶猛得多。它们长着两颗支出嘴外的獠牙，是有力的进攻武器。当野猪凶性大发时，连老虎都不敢招惹它们。野猪是杂食性动物，只要能吃的东西都吃。

身上长着棘刺的豪猪

豪猪的背部、臀部和尾部上长满了又粗又直的棘刺，平时这些棘刺贴在身体上，一旦豪猪遭遇捕食者，这些棘刺便全部竖起来，并不停地抖动，让捕食者望而生畏。

中空的棘刺

豪猪的棘刺是中空的，容易脱落。棘刺的尖端长着倒向的钩子，坚硬而锐利，刺入敌人身体后就不会轻易掉落。

全身长刺的刺猬

刺猬的身长不过25厘米，却有一套很好的自我保护的本领。刺猬的全身除了肚皮外，均长满了尖刺，当遭遇敌人时，它会把头向肚子弯曲，全身缩成一个刺球，让敌人无从下手。

灵敏的嗅觉

刺猬的鼻子非常长，触觉和嗅觉都很灵敏，能轻易嗅到藏在地下的蚂蚁或白蚁。

雄性之间的斗争

在繁殖季节，雄性袋鼠之间经常发生争夺配偶的斗争。它们直立身体，用上肢互相拍打，再伺机用有力的后腿给对方以重击。

跳跃前行的袋鼠

袋鼠不会行走，只会跳跃。它的后肢粗壮有力，弹跳力非常强，受到惊吓时，可以一下子跳出七八米远，两米多高。袋鼠宝宝一出生就爬进妈妈的育儿袋里，直到6~7个月大时，才短时间离开育儿袋学习独立生活。1岁后，袋鼠宝宝正式断奶，离开育儿袋。

25

长着特殊条纹的斑马

几只雌性斑马和未成年的小斑马通常会组成群体生活，1个群体大概有10匹左右，而雄性斑马则独居生活。斑马群体一起活动时，会有专门的斑马负责警戒，小斑马们可以放心地互相打闹玩耍。

特殊的条纹

每只斑马身上的条纹都是独一无二的，这些条纹在阳光或月光的照射下能反射不同的光线，使斑马的轮廓模糊起来，这是斑马很重要的保护色。

河流中的霸主——河马

别看河马长相憨厚，它们的性格却很暴躁。河马有很强的领地意识，一旦有人闯入它的领地，它会用血盆大口和六七十厘米长的獠牙给对方以致命的攻击，连凶猛的鳄鱼都不敢招惹它。

夜间觅食的河马

河马的皮肤长时间离水会干裂，因此河马白天几乎都泡在水里休息、睡觉，除非食物特别匮乏，否则它们只在晚上才到河岸附近的陆地上觅食。

强壮的犀牛

犀牛是仅次于大象的第二大陆生动物，它们身体肥壮，腿短眼小。犀牛的鼻子上长着锋利的角，这是它们攻击敌人的有力武器。犀牛角折断后还能重新长出来。

坏脾气的犀牛

黑犀牛是犀牛中脾气最坏的，一旦发起怒来，谁也挡不住它。黑犀牛的视力不好，有时甚至把火车当作攻击对象，奋起冲撞。

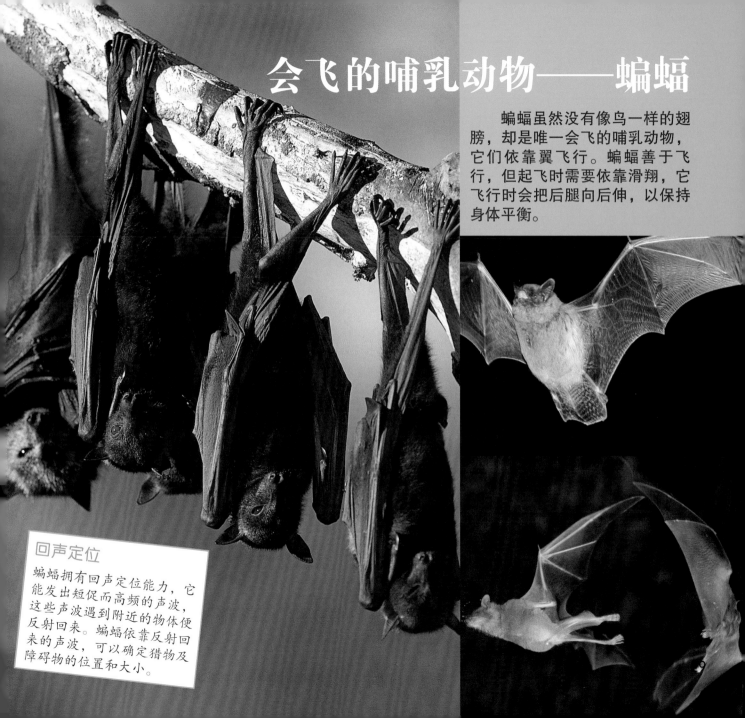

会飞的哺乳动物——蝙蝠

蝙蝠虽然没有像鸟一样的翅膀，却是唯一会飞的哺乳动物，它们依靠翼飞行。蝙蝠善于飞行，但起飞时需要依靠滑翔，它飞行时会把后腿向后伸，以保持身体平衡。

回声定位

蝙蝠拥有回声定位能力，它能发出短促而高频的声波，这些声波遇到附近的物体便反射回来。蝙蝠依靠反射回来的声波，可以确定猎物及障碍物的位置和大小。

会放臭气的黄鼬

黄鼬也叫黄鼠狼，它们身材修长、四肢短小，是世界上身体最柔软的动物之一。黄鼬最擅长凭借柔软的身体钻进鼠洞，捕捉老鼠。

爱吃蚂蚁的食蚁兽

食蚁兽的舌头能伸到60厘米长，它将舌头伸入蚁穴，以一分钟150次的频率伸缩，用舌头上遍布的小刺和黏液将蚂蚁吃进嘴里。食蚁兽并不咀嚼蚂蚁，而是囫囵吞下，到胃里再消化。

不会一次吃光食物

食蚁兽挖掘蚁穴时会小心翼翼，不会将整个蚁穴挖坏。它在每个蚁穴中只吃一定数量的蚂蚁，不会把所有蚂蚁都吃光。它的这种做法是为了以后还能再次光顾，享用美餐。

喝乳汁的鸭嘴兽宝宝

鸭嘴兽宝宝是从蛋里孵化出来的，它们出生后喝妈妈的乳汁长大。鸭嘴兽宝宝长到4个月大就能独立生活了。

居住在水边的鸭嘴兽

　　鸭嘴兽是未完全进化的哺乳动物。它们长着鸭子一样扁扁的嘴巴，前后肢上长着蹼和爪，既能游泳，又能挖土。鸭嘴兽的体型不大，成年鸭嘴兽只有40~50厘米长。

沙漠之舟——骆驼

骆驼分为两种，有一个驼峰的叫单峰驼，有两个驼峰的叫双峰驼。被人们誉为"沙漠之舟"的骆驼是单峰驼，它们是沙漠里的重要交通工具，既能运货，又能驮人。而双峰驼更适合在沙砾和雪地上行走。骆驼的忍饥耐渴能力非常强，在没有水和食物时，可生存很长一段时间。

适合沙漠生存的"装备"

骆驼有双重眼睑和浓密的长睫毛，可以防止风沙进入眼睛；骆驼的鼻孔可以自由关闭；骆驼的耳朵里有毛，能阻挡风沙进入。这些"装备"使骆驼能在沙漠里更好地生存。

生活在高原上的羊驼

羊驼一般生活在海拔4000米的高原上。它们通常以小群体活动，1个群体中只有1只雄驼。羊驼最大的特点是它的毛纤维长而卷曲，光亮而富有弹性，可以形成很大的卷，呈波浪形覆盖在羊驼身体两侧。

聪明伶俐的羊驼

羊驼性情温顺，伶俐而通人性，因此很多人喜欢圈养羊驼。羊驼不会鸣叫，只偶尔发出"吭吭"的声音。

第二章 海洋动物

　　海洋动物包括生活在大海里的动物，也包括生活在大海边上的动物。它们门类繁多，各门类的形态结构和生理特点有很大差异，有微小的单细胞原生动物，也有长达30米、重达190吨的大型动物。海洋动物不进行光合作用，不能将无机物合成有机物，要以摄食植物、微生物和其他动物等为生。

海中狼——鲨鱼

鲨鱼存在于地球上已经超过4亿年了，它们对环境的适应能力非常强，在近1亿年来几乎没有改变。目前世界上约有380种鲨鱼，其中最有名的是大白鲨，它是海洋中最凶猛的猎食者。

敏锐的嗅觉

鲨鱼的嗅觉非常敏锐，能闻到几千米外的血液的味道，它会循着味道一直追踪到来源。鲨鱼还能轻易嗅出它们害怕或厌恶的气味。

海中的庞然大物——鲸

　　鲸是生活在海中的庞然大物，它们有的体长在6米左右，有的体长可达30米以上。鲸不是鱼，而是一种哺乳动物。鲸宝宝是胎生的，喝妈妈的乳汁长大。鲸妈妈每胎只生1个宝宝，一般两年才生1胎。

海上"喷泉"
鲸用肺呼吸，每隔一段时间，它就会游到水面上，利用头上的喷水孔来呼吸。呼气时，空气中的湿气遇冷凝结成小水滴，形成喷泉状。

聪明伶俐的海豚

　　海豚的大脑是海洋动物中最发达的，因此它们非常聪明。经过训练，海豚能做很多高难度的动作，如打排球、跳火圈等。海豚的潜水能力也很强，人类利用海豚这一本领，训练它们帮助人类在海底寻找失踪物。

回声定位

海豚依靠回声定位来判断目标的远近、方向、位置、形状，甚至目标的性质。因此，即便在非常混浊的海水中，海豚依然能轻松地找到食物。

长相奇特的海马

海马喜欢生活在海藻丛生的环境中，因为在这里，它们可以将卷曲的尾巴缠附在海藻的茎枝上，或者倒挂在悬浮着的海藻或其他物体上，随波逐流。海马在觅食时会短暂离开缠附物，觅食后又找到其他物体把尾巴缠上去。

海马爸爸的育儿囊

在繁殖季节，海马妈妈把卵产在海马爸爸的育儿囊里后就离开了。孵化小宝宝的工作完全由海马爸爸独自承担。

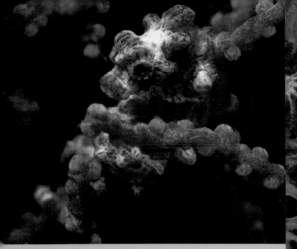

善于隐藏的豆丁海马

豆丁海马的身长只有1厘米左右，因此也叫侏儒海马。它们喜欢生活在扇形珊瑚上，将尾巴缠在扇形珊瑚的枝干上，并拟态为附着物的模样。

多变的体色

豆丁海马最大的本领就是将自己隐藏在珊瑚群中，它们的体色会随着所附着珊瑚的颜色变化而改变，因此呈现红、灰、黄、白等多种颜色。

老寿星——海龟

海龟是存在了1亿年的史前爬行动物。它们一生生活在海里，只在产卵时才短暂上岸，产卵后又回到海里。海龟能在水下待上几个小时，但仍需要浮上水面呼吸和调节体温。

长寿的海龟

海龟的寿命最长可达152年，是动物中当之无愧的老寿星，因此被视为长寿的象征。

独特的吞食方式

海鳗以闪电般的速度接近猎物，然后用有牙的下颌夹住猎物，同时，隐藏在咽喉后部的具有攻击性的内颌会跳出来，将猎物拖入腹中。

凶猛的海鳗

　　在大海风平浪静时，海鳗会待在洞穴中，减少外出活动。当风浪大、海水变得混浊或夜晚来临时，海鳗便开始到处游动，寻找猎物。海鳗柔软的身体可以钻入狭窄的岩石缝隙中，让躲在其中的猎物无处可逃。

海中仙女——海百合

海百合的身体有一个像植物茎一样的柄，柄上端长有羽状像花的腕。它们扎根在海底，不能移动，因此经常被鱼群咬断"茎"，吃掉"花"，慢慢地进化成没柄的海百合。为了躲避那些不怕毒素的鱼类，这些没柄的海百合白天躲在岩石缝隙中，夜晚才出来觅食。而那些有柄的海百合则只能继续待在原地，承受被鱼群蹂躏的命运。

守株待兔的海百合

海百合捕食时并不主动出击，而是守株待兔。它们将腕迎着水流高高举起，用管足捕捉经过的浮游生物，然后送入口中吞食。

像菊花一样的海葵

海葵像盛开在海底的菊花，但其实它是一种无脊椎动物。海葵用美丽的外表吸引猎物上门，再用有毒的刺攻击猎物，使它们中毒昏迷，然后用触手将猎物送入口中进食。

与海葵共生的小丑鱼

小丑鱼一点儿也不怕海葵的毒刺，它们甚至居住在海葵里，与海葵共同生活。小丑鱼用鲜艳的体色帮助海葵吸引猎物，而海葵则用毒刺保护小丑鱼。

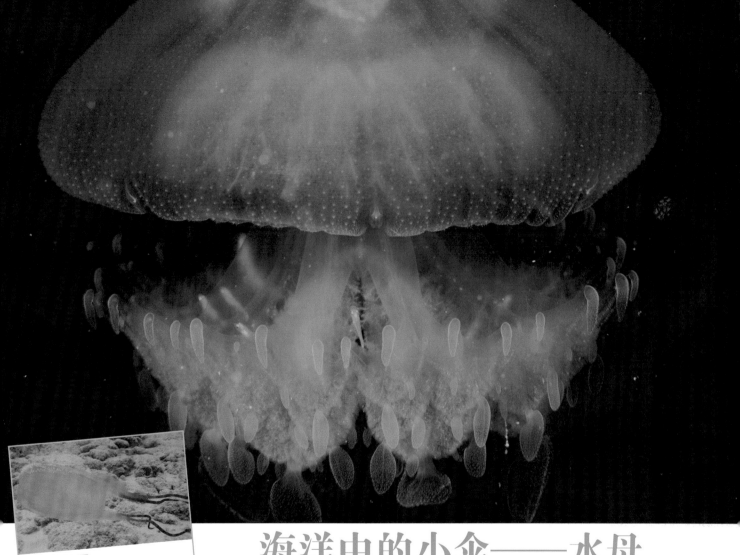

海洋中的小伞——水母

　　水母的种类非常多，它们的形状、大小各不相同，最大的水母其触手可以延伸约10米远。水母身体里的主要成分是水，因此它们是透明的，并且能漂浮在水中。水母在水中移动时，会挤压外壳，喷出体内的水，利用喷水推进的方式向前行进。

体色多变的海兔

海兔耸着两只大"耳朵",活像一只小兔子。其实它的"耳朵"是一对触角,并不是真的耳朵。海兔有两对触角,前面一对稍短,专管触觉;后面一对稍长,专管嗅觉。像兔子耳朵的触角就是后面的那一对触角。

多变的体色

海兔喜欢吃海藻。它有一项特殊的本领,就是吃什么颜色的海藻,身体就会变成什么颜色。海兔通过这种方式可以避免麻烦和危险。

性情凶猛的螳螂虾

　　螳螂虾又叫虾蛄，它们喜欢在浅海沙底或泥沙底挖掘洞穴，作为自己的栖身之所。它把洞穴周边的地方都划为自己的势力范围，如果有小动物不小心闯入，它会毫不客气地对入侵者发起凶猛的攻击，直到将对方杀死或赶走。

敏锐的视觉

螳螂虾有两只大大的复眼，视觉十分敏锐，能轻易发现隐藏在海床上的猎物。螳螂虾能轻松地破坏猎物的外层硬壳，吃到里面的肉。

海星的眼点

海星没有进化的眼睛，只在每个腕足的末端有1个红色的眼点。海星通过它来感觉光线。大多数海星不喜欢光亮，喜欢在夜间行动。

海底的星星——海星

海星的外表像星星，它们通常有5个腕，有些有4个腕或6个腕。海星是一种食肉动物。由于行动迟缓，海星在捕猎时往往采取迂回战术，先慢慢接近猎物，用腕上的管足捉住猎物并用整个身体包住它，然后将猎物整个吞入或将胃翻到猎物上进行体外消化。

抢占别人"房子"的寄居蟹

寄居蟹的腹部很柔软，为了保护腹部不被敌人攻击，寄居蟹会向海螺等软体动物发起进攻，将它们拖出壳外杀死，再将壳占为己有，寄居蟹因此而得名。随着身体不断地长大，寄居蟹需要不停地更换"房子"。

寄居蟹的自保武器

有些寄居蟹会把海葵放在身体上，利用海葵有毒的触手来保护自己。同时，寄居蟹到处走动，可以帮助海葵获得更多的食物，而寄居蟹也可以得到免费的食物碎屑。

威风凛凛的狮子鱼

狮子鱼的胸鳍和背鳍上长着长长的鳍条和棘刺，很像京剧演员背后插着的护旗，使狮子鱼看起来威风凛凛。这些鳍条的基部都有毒腺，是狮子鱼自我保护的武器。

柔软的腹部

狮子鱼的弱点是它柔软的腹部。为了防止腹部遭受攻击，狮子鱼在休息或遭遇敌人时，会将腹部紧贴在岩石表面上。

第三章　鸟　类

　　世界上现存的鸟类有9000多种，它们都长着翅膀和羽毛。鸟类的羽毛形状各异、色彩多样，不仅有助于鸟类飞行，还能帮助鸟类保持体温。绝大多数鸟类都会飞行。鸟类都长有喙，而没有长着牙齿的颌。喙用于捕食、筑巢和梳理羽毛。

天空中的猎手——老鹰

　　老鹰是一种肉食性鸟类，它们在天空中展翅翱翔，锐利的眼睛可以轻易看到地面上的猎物。老鹰的爪子和喙都很锋利，能轻易抓住猎物并撕开它们的皮肉。

残酷的生存竞争

鹰妈妈一次生2~5枚蛋，鹰宝宝孵化出来后就开始了残酷的竞争，它们通常会驱赶同伴或者吃掉同伴，只让自己生存下来。

草原上的清洁工——秃鹫

秃鹫主要以动物的尸体为食，因此被称为"草原上的清洁工"。秃鹫的眼睛很锐利，即便飞在高空中也能轻易看到地面上动物的尸体。秃鹫发现目标后，不会立刻上前进食，而是不停地观察，直到确定动物确实死亡了才开始进食。

争食的秃鹫

1只秃鹫发现食物并降落后，周围几千米外的秃鹫都会接踵而来。它们在争夺食物时，面部和脖子会出现鲜艳的红色。

最大的鸟——鸵鸟

鸵鸟的身高可达2.5米，是目前世界上最大的鸟，也是不会飞的鸟。它们生活在沙漠荒原中，靠灵敏的听觉和嗅觉寻找食物。鸵鸟喜欢群居生活，1个群体通常由5~50只鸵鸟组成。

最小的鸟——蜂鸟

蜂鸟是世界上已知最小的鸟。它们以花蜜为食，在吸食花蜜时，能通过快速拍打翅膀悬停在空中。蜂鸟还可以向左、向右甚至向后飞行。

巨大的食量

蜂鸟每天消耗的食物要远超过它们自身的体重。为了获得足够的食物，它们每天必须采食数百朵花，有时还会捕食昆虫来补充营养。

吵闹的鹦鹉

鹦鹉很爱叽叽喳喳地叫，在鹦鹉聚集的森林里，到处都是叽叽喳喳的喧闹声。

羽毛艳丽的鹦鹉

鹦鹉主要生活在热带雨林中，它们形态各异、羽毛艳丽。鹦鹉一般以夫妻或家族为单位，形成小群体活动。它们栖息在树枝上，以树洞为巢。

只闻其声，不见其形的杜鹃

杜鹃总是发出"布谷！布谷！"的叫声，因此也叫布谷鸟。它们昼夜不停地鸣叫，却很少有人看见它们的身影。杜鹃从来不自己孵蛋，它将蛋产在其他鸟类的巢中，由其他鸟类代为孵化并将杜鹃宝宝抚养大。

吃独食的杜鹃宝宝

杜鹃宝宝一般会比养父母的宝宝更早地孵化出来，它出生后会将养父母的蛋推出巢外，这样它就能独享养父母的喂食了。

象征着吉祥的喜鹊

喜鹊喜欢将巢筑在居宅旁的大树上，它们常常夫妻成对活动，有时也结成3～5只的小群体活动。在中国，喜鹊是吉祥的象征，人们把它们的叫声认为是报喜的声音。

警觉性高的喜鹊

喜鹊的警觉性很高，夫妻外出觅食时，通常一方在地上觅食，另一方站在高处守望。如发现危险，守望者会发出惊叫，提醒觅食者赶快飞走。

嘴下长着大皮囊的鹈鹕

　　鹈鹕最大的特点是在它30多厘米长的嘴巴下面长着一个大皮囊。这个皮囊是由下嘴壳和皮肤相连而形成的，可以自由伸缩，是鹈鹕储存食物的地方。

尾巴根部的油脂腺

鹈鹕的尾巴根部有个黄色的油脂腺，能够分泌油脂。它用嘴巴将这种特殊的"化妆品"涂抹到全身的羽毛上，使羽毛光滑柔软不沾水。

59

长着华丽尾羽的孔雀

每年的三四月是雄孔雀开屏最多的季节，它们展开五彩缤纷的尾屏，并不停地做出各种优美的舞蹈动作，向雌孔雀炫耀自己的美丽，以博得雌孔雀的青睐。与雄孔雀的美丽相比，雌孔雀就显得其貌不扬了。

尾屏的防御作用

孔雀的尾屏上散布着很多近似圆形的"眼状斑"，这些斑纹由好几种颜色组成。当孔雀遭遇敌人时，会突然开屏，并抖动"眼状斑"，以此吓走敌人。

夜间捕食的猫头鹰

猫头鹰是昼伏夜出的动物，它们白天休息，夜间出来捕食。猫头鹰全身的羽毛都很轻软，使它们飞行起来一点儿声音也没有，有利于对毫无准备的猎物进行闪电袭击。

灵活转动的颈部

虽然猫头鹰的眼睛不能向不同方向转动，但它的颈部却可以旋转270度，使猫头鹰能观察到各个方向的情况。

优雅的天鹅

天鹅是一种候鸟，每年的三四月间，它们成群地从南方飞往北方，在湖泊和沼泽地带繁衍后代，十月后又结队飞往南方，在温暖的地方度过冬天。天鹅在迁徙时，飞行队伍会排成"一"字或"人"字，边飞边鸣叫。

终身伴侣制

天鹅保持着一种稀有的"终身伴侣制"。它们成双成对地觅食、休息。雌天鹅产卵期间，雄天鹅会在一旁守护。

生活在海上的信天翁

信天翁常年生活在大海上，只在繁殖季节才登上远离大陆的海岛。虽然信天翁很善于滑翔，但其实它的身体很笨重，要在逆风中才能起飞，有时还需要助跑或借助悬崖边缘起飞。

成长很慢的信天翁宝宝

信天翁妈妈每次只产1枚蛋。信天翁宝宝孵化出来后由爸爸妈妈共同喂养。信天翁宝宝要经过3~10个月才能长齐飞羽。

飞行冠军——军舰鸟

军舰鸟被称为"飞行冠军"，它飞行时犹如闪电，能在空中翻转盘旋，也能飞速地直线俯冲。军舰鸟捕食时的速度可达418千米/小时。它不但能飞到1200米的高空，还能不停地飞往离巢穴1600多千米的地方。

强盗鸟

军舰鸟经常打劫其他捕食归来的鸟类。它利用高超的飞行技艺，对其他鸟发动突然袭击，逼迫它们放弃口中的食物，然后它急速俯冲，将食物占为己有。

森林医生——啄木鸟

啄木鸟有锋利的嘴巴，可以轻易啄开树干。它的舌头比嘴巴还长，能伸进啄出来的树洞中将藏在里面的虫子钩出来吃掉。啄木鸟每天要吃大量的虫子，是一种森林益鸟，因此被称为"森林医生"。

敲击树干

啄木鸟清晨就开始寻找食物了，它们在树干上敲击，通过发出的声音来判断树干里是否藏有虫子。

不会飞的企鹅

　　企鹅是不会飞的鸟类，它的翅膀已经进化为能够下水游泳的鳍肢。它身上的羽毛也变成重叠、密接的鳞片状羽衣，使冰冷的海水难以浸透。企鹅的皮下脂肪有两三厘米厚，再寒冷的天气也影响不了它。

游泳健将

企鹅是游泳健将，成年企鹅的游泳速度为20~30千米/小时，比速度最快的捕鲸船还要快。

第四章　昆　虫

　　昆虫是地球上数量最多的动物群体，目前已知的种类就约有100万种，几乎遍布世界的每个角落，但仍有很多尚未发现的种类。昆虫成虫都长着6条腿，它们中绝大部分都会爬，有少量会飞，还有一些会跳跃和游泳。

眼睛最多的蜻蜓

　　蜻蜓是世界上眼睛最多的昆虫，它的眼睛占据了头部的绝大部分，又大又鼓。每个眼睛上有数不清的"小眼睛"，与感光细胞相连，可以辨别物体的形状和大小。蜻蜓不必转头就能向上、向下、向前、向后看。

水里的蜻蜓宝宝

蜻蜓宝宝生活在水里，用鳃呼吸。它们的一生需要几次蜕皮才能长大，最后一次蜕皮时，它们会爬出水面，完成羽化，最终变成蜻蜓。

翩翩起舞的蝴蝶

蝴蝶色彩鲜艳，身上和翅膀上长着各种花斑，飞起来缓慢优雅，像跳舞一样。

蝴蝶的幼虫

蝴蝶的幼虫形状多样，大部分为肉虫，少数为毛虫。它们以叶子为食，要经历几次蜕皮才能化茧成蝶。

69

忙忙碌碌的蜜蜂

蜜蜂主要以花粉和花蜜为食，它们收集花粉和花蜜，并制成蜂蜜储存在蜂巢里。蜜蜂在采集花粉时，身上会沾有花粉，当它们飞到另一朵花上采粉时，身上的花粉会掉一些到花上，无意中完成了给花朵授粉的过程。

辛苦的工蜂

负责采集花蜜的是工蜂，采蜜是一项十分辛苦的工作。1只工蜂要采1000多朵花才能获得1蜜囊花蜜，它一生所采集的花蜜只能酿制0.6克蜂蜜。

婚飞

雌蚁和雄蚁长大后会飞出蚁穴，在空中"一见钟情"，并完成交配的过程。交配后，雄蚁死亡，雌蚁成为新的蚁后，建立自己的新家族。

家族庞大的蚂蚁

　　蚂蚁是社会性生活的群体，群体由蚁后、雌蚁、雄蚁、工蚁和兵蚁组成。其中蚁后负责统领蚁群和繁殖后代；雌蚁成熟后会飞出群体，另组家庭；雄蚁负责跟蚁后交配；工蚁负责寻找食物、维护和扩建蚁巢、照顾蚁后和幼虫；兵蚁则负责保卫家园。

吸血的牛虻

  牛虻喜欢在白天活动，中午是它们最活跃的时候，在池边、河边经常可以看见它们迅速飞过的身影。牛虻有时以花蜜为食，但更多情况下以血为食。雌性牛虻的螯刺非常强悍，能轻易刺透牛、马等动物厚厚的皮肤，吸食它们的血液。

牛虻的生活习性

牛虻通常生活在近水而温度较高的地方，它们往往将卵集中产在水中植物的叶上，这样幼虫一孵化便掉入水中，在水下生活，待到化蛹时才游到岸边。

鸣叫不停的蝉

蝉又叫知了，在炎热的夏季，它们躲在树叶间，雄蝉不停地发出响亮的叫声。蝉长着中空的嘴，能像针一样刺进树干里，吸食树液。雌蝉交配后，会将产卵器插入树枝，将卵产在树枝内。孵化出的幼虫会爬下树，钻入地下，开始它们漫长的地下生活。

破土而出的知了猴

蝉的幼虫又叫知了猴，它们经过5次蜕皮才能长大。知了猴钻出地面后会很快找到一棵树爬上去，然后开始蜕皮，最终羽化成蝉。

73

像小树枝的竹节虫

竹节虫是一种较大型的昆虫，体长一般为几厘米至三四十厘米。竹节虫身体细长，像一根竹节。几乎所有的竹节虫都会拟态，它们有的模拟植物枝条，有的模拟植物叶片，当它们一动不动时，捕食者很难发现它们。

可变的体色

竹节虫的体色一般为绿色或褐色，当温度和光线不同时，它们的体色会随之变化。白天的体色和夜晚的体色也有所不同。

好斗的螳螂

　　螳螂的头部呈三角形，头上长着两只大大的复眼，颈部灵活，可以自由转动。螳螂有3对足，其中第1对足很像两把大镰刀，是螳螂捕食猎物的工具。螳螂很好斗，同类之间经常爆发战争，有时还会出现吃掉同类的情况。

螳螂的保护色

螳螂的体色有的是绿色，有的是褐色，还有的是跟兰花一样的颜色，这是螳螂的保护色。个别螳螂品种还会拟态，使自己更好地融入周边环境。

75

第五章 爬行与两栖动物

　　目前世界上有6000多种爬行动物，它们都是冷血动物，走起路来左摇右摆，它们的身上布满鳞甲，多数在成长过程中要经历若干次蜕皮。

　　两栖动物在爬行动物出现之前就存在于地球上了，它们也是冷血动物，大多数生活在水里或水边，通过皮肤辅助呼吸。与爬行动物不同的是，两栖动物的皮肤光滑无鳞。

凶残的鳄鱼

鳄鱼是迄今发现活着的最早和最原始的动物之一，它们与恐龙是同时代的动物。鳄鱼长着血盆大口，里面布满锋利的牙齿，使很多动物望而生畏。鳄鱼看起来很笨拙，但捕食时行动非常灵活。

温度决定性别

小鳄鱼的性别由孵化时的温度决定，因此雌鳄鱼会把一些巢建在温度高的地方，也会把一些巢建在温度低的地方，以平衡小鳄鱼的性别比例。

变色龙的长舌头

变色龙的舌头长度是它自己身体长度的2倍。舌头上有腺体，能分泌大量黏液粘住昆虫。变色龙只需0.04秒就能完成捕食动作。

长着长舌头的变色龙

变色龙是栖息在树上的爬行动物，它们的体长为15~25厘米，长长的尾巴可以卷缠在树枝上。变色龙的眼睛很独特，能上下左右自如转动，两只眼睛还可以独立工作。

蜿蜒爬行的蛇

目前全世界有3000多种蛇，它们身体细长，全身布满鳞片。有的蛇生活在地面上，有的生活在树上，还有的生活在水里。蛇都是肉食动物，虽然它们的听觉很迟钝，但舌头上的感应器却非常灵敏。

最大的壁虎

最大的壁虎叫大壁虎，体长12~16厘米，尾长10~14厘米。大壁虎多栖息在山岩或荒野的岩石缝隙、石洞或树洞内，夜晚出来活动和觅食。

能断尾再生的壁虎

壁虎的脚掌有黏附能力，可以在竖直的墙壁、天花板或光滑的平面上爬行。壁虎在遭遇敌人时，会自行断掉尾巴。刚断掉的尾巴会不停地跳动，吸引捕食者的视线，壁虎则可以趁机逃走。断掉的尾巴用不了多久就能重新长出来。

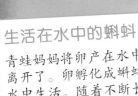

生活在水中的蝌蚪

青蛙妈妈将卵产在水中后便离开了。卵孵化成蝌蚪，在水中生活。随着不断长大，蝌蚪会先长出两条后腿，尾巴慢慢变短，然后渐渐长出两条前腿，尾巴完全消失，最终变成一只小青蛙。

水陆两栖的青蛙

　　青蛙是两栖动物，幼体叫蝌蚪，生活在水中，用鳃呼吸；成体叫青蛙，既能生活在水里，也能生活在陆地上，通常用肺呼吸，但也可以通过湿润的皮肤从空气中吸取氧气。

叫声奇特的娃娃鱼

　　娃娃鱼也叫大鲵，是世界上现存最大的也是最珍贵的两栖动物。它的叫声很像婴儿的哭声，因此得名娃娃鱼。娃娃鱼的体长可达1米以上，体重可超过百斤。它的外表看起来很像蜥蜴，但要比蜥蜴更扁平、更肥壮。

可变的体色
娃娃鱼的体色一般为灰褐色，体表光滑，长有斑纹，布满黏液。当环境改变时，娃娃鱼的体色会随之改变。

缩头缩脑的乌龟

乌龟是现存最古老的爬行动物之一，它们的身上长着坚固的龟壳，当遭遇敌人时，会把头、尾巴和四肢都缩进龟壳内，让捕食者束手无策。乌龟是冷血动物，当冬天来临时，它会进入冬眠状态，时间长达几个月。

最大的陆龟

象龟是世界上体型最大的陆龟，它的身长可达1.8米，体重可达375千克。象龟以青草和仙人掌为食。它平时在体内积累了大量的食物，因此长时间不吃不喝也不会饿死。

编写人员

艾贵林　曹丹　顾波　韩珂　李昂　刘婷　刘文静　刘宇　彭亮　乔欣
陶晓丽　汪婷婷　王建国　徐林　许红云　杨正　杨忠　于洪志　张静　张凌云
张秀杰　章艳　周勇　朱凤　朱明玉

童眼看天下
动物世界
全新升级版

图书在版编目 (CIP) 数据

动物世界：全新升级版 / 周勇主编. -- 2版. --北京：机械工业出版社，2017.11(2018.10重印)
（童眼看天下）
ISBN 978-7-111-58093-5

Ⅰ．①动… Ⅱ．①周… Ⅲ．①动物—儿童读物 Ⅳ．①Q95-49

中国版本图书馆CIP数据核字(2017)第238650号

机械工业出版社（北京市百万庄大街22号 邮政编码100037）
责任编辑：郎　峰　邵鹤丽　　　　　责任校对：杨　凡
责任印制：刘　毅　　　　　　　　　封面设计：朱明玉
深圳市鹰达印刷包装有限公司印刷

2018年10月第2版第2次印刷　　　　210mm×190mm・3.5印张・60千字
标准书号：ISBN 978-7-111-58093-5　　定价：19.80元